GOUVERNEMENT GÉNÉRAL DE L'INDOCHINE

INSPECTION GÉNÉRALE
DE L'AGRICULTURE, DE L'ÉLEVAGE ET DES FORÊTS

TEXTES CONCERNANT LES

RECHERCHES AGRONOMIQUES

ET LA

POLICE SANITAIRE VÉGÉTALE

EN INDOCHINE

HANOI

IMPRIMERIE D'EXTRÊME-ORIENT

1927

INSPECTION GÉNÉRALE
DE L'AGRICULTURE, DE L'ÉLEVAGE ET DES FORÊTS

TEXTES CONCERNANT LES

RECHERCHES AGRONOMIQUES

ET LA

POLICE SANITAIRE VÉGÉTALE

EN INDOCHINE

HANOI

IMPRIMERIE D'EXTRÊME-ORIENT

1927

Lettre du Gouverneur général au Ministre

Hanoi, le 21 juillet 1927.

J'ai l'honneur d'accuser réception de votre dépêche n° 4161, du 11 avril 1025, par laquelle vous avez bien voulu me faire part des observations que vous a suggérées la transformation de « l'Institut scientifique » créé par un arrêté local du 31 décembre 1918, en un « Institut de recherches agronomiques ».

L'examen approfondi de ces observations, par les Services intéressés, m'amène à vous soumettre les propositions suivantes.

Institut des Recherches agronomiques

J'enregistre tout d'abord avec satisfaction, l'approbation que vous avez bien voulu donner à la forme sus-mentionnée. L'Institut de recherches agronomiques, engagé par mon prédécesseur dans la voie des réalisations pratiques de l'application des sciences à l'agriculture et à la sylviculture a, aujourd'hui, son personnel au complet. Les travaux de réfection et d'équipement des laboratoires seront terminés dans le courant de l'année. Un atelier de désinfection des graines a été installé, et la station de Nui Chua-chan est en cours d'aménagement, en vue des travaux de génétique et de la quarantaine des plantes.

Enfin, l'installation d'un groupe de laboratoires à Hanoi, formant la Section Nord-indochinoise de l'Institut est prévue pour 1928.

Pour ce qui est de la liaison que vous préconisez entre les services techniques et scientifiques de votre Département et l'Institut local, je ne verrais que des avantages à la voir s'établir. Aussi bien, le nouvel arrêté d'organisation que vous voudrez bien trouver ci-joint et qui lie le fonctionnement de l'Institut à l'application des mesures prises sur place en matière de police sanitaire végétale et de celles que vous serez appelé à prendre, prévoit-il une formule, qui permettra de régler les rapports entre l'Institut National d'Agronomie Coloniale et l'Institut indochinois, selon les besoins et en pleine communauté de vues.

Police sanitaire végétale

En ce qui concerne les règlements à l'importation, vous m'avez indiqué les motifs pour lesquels ces textes ont été édictés, et les raisons qui ont amené le pouvoir central à les rendre particulièrement sévères.

Je suis d'accord avec vous sur la nécessité de défendre énergiquement nos Colonies contre l'introduction de maladies et de parasites redoutables, et je n'ai pas manqué d'attirer l'attention des planteurs sur l'utilité de ces dispositions tant que des mesures effectives de contrôle à l'entrée et à l'intérieur ne donneraient pas un gage certain de sécurité.

C'est dans cet ordre d'idées que j'ai été amené à organiser un service de défense des cultures et de le doter du personnel spécialisé et des installations nécessaires. Les délais nécessités par le recrutement du personnel et l'aménagement des installations ne m'ont pas permis de vous faire part plus tôt de mes suggestions relativement à la police sanitaire végétale en Indochine : Cette réglementation a été déterminée par deux arrêtés que j'ai signés le 1ᵉʳ juillet courant, et dont vous voudrez bien trouver les copies sous ce pli.

L'un de ces arrêtés règle les attributions et le fonctionement d'ensemble du Service de la Police sanitaire végétale pour tout ce qui concerne :

a) l'examen sanitaire, la désinfection et la quarantaine des végétaux à l'importation ;

b) la recherche des maladies et insectes nuisibles des cultures ;

c) l'application à l'intérieur et le contrôle des règlements de police sanitaire végétale.

L'autre organise la police sanitaire végétale dans le port de Saigon et dans le Secteur sanitaire Sud-indochinois, par le moyen des laboratoires d'entomologie et de phytopathologie de l'Institut de Recherches Agronomiques, de l'atelier de désinfection provisoire et de la station de quarantaine des plantes attachés à cet établissement.

Un atelier de désinfection définitif sera édifié en 1928.

Les arrêtés suivants désignent le personnel de l'Institut affecté à la police sanitaire du Secteur Sud-indochinois — En qualité d'Agents phytopathologiques :

MM. COMMUN, chef du laboratoire d'entomologie ;

    WORMSER, chef du laboratoire de phytopathologie ;

    CAYLA, chef de la division de génétique et de quarantaine des plantes.

En qualité d'Inspecteur :

M. CERIGHELLI, chef de la division de phytopathologie.

Ainsi se trouvent réalisées les mesures que vous avez préconisées en ce qui concerne le personnel et les installations dont il convenait de doter le port de Saigon.

J'ajoute qu'il entre dans mes vues de faire activer la formation du personnel des agents phytopathologiques pour les services locaux d'agriculture, au moyen des stages dans les laboratoires spécialisés et d'équiper, dans le plus court délai le Secteur sanitaire Sud-indochinois.

Je me propose d'autre part de réaliser, sur la demande des milieux agricoles du Nord-Annam et du Tonkin, et d'accord avec eux, le projet de mon prédécesseur consistant à créer à Hanoï une branche de l'Institut des Recherches Agronomiques à laquelle sera rattaché un Secteur sanitaire Nord-indochinois.

. .

Ces considérations m'amènent à vous entretenir des règlements mêmes de police sanitaire végétale en Indochine.

Cette question a été longuement étudiée par l'Inspecteur Général de l'Agriculture, tout d'abord dans les pays du Pacifique avec lesquels le Gouvernement Général est en rapports constants et d'où il y aurait intérêt à introduire du matériel de plantations : Malaisie, Indes Néerlandaises, Philippines, Japon, Hawaï ; ensuite avec les représentants autorisés de l'agriculture du Sud et du Nord Indochine. Elle fait l'objet d'un rapport spécial de ce fonctionnaire que vous trouverez ci-joint et dans lequel il expose, méthodiquement classées, les mesures qui pourraient être prises pour faciliter les échanges avec l'extérieur, sans risques de contamination, et qui constitueraient une règlementation d'ensemble simplifiée. En les soumettant à votre examen et sans entrer dans le détail, je me permets d'attirer votre attention sur trois points que je considère comme essentiels pour une application facile et rapide de ces mesures.

Tout d'abord, il apparaît que le système des dérogations à la règlementation actuelle, dont fait état votre dépêche précitée, ne serait qu'un palliatif à un régime qui, par voie directe ou indirecte, est en fait un régime prohibitif pour les espèces végétales visées. Il serait, dans la pratique, une source de complications et de retards sans fin.

La situation nouvelle, créée par le recrutement d'un personnel et l'organisation d'instruments de contrôle, justifie une revision complète de cette réglementation, avec l'objectif de faciliter les échanges avec l'extérieur sous les garanties habituellement exigées en cette matière.

C'est dans cet esprit que je vous serais reconnaissant d'examiner les mesures qui vous sont proposées.

L'examen et la discussion de ces propositions une fois terminés, il conviendra de faire le départ entre les dispositions réglementaires que vous réserverez à l'autorité du Ministre des Colonies et celles que vous confierez au Gouverneur général. Là encore je vous demande de vouloir bien, tout au moins en ce qui concerne les règlements d'application et sous réserve du contrôle que vous croirez utile d'instituer, laisser au Gouverneur général la plus grande latitude possible, afin de réduire au minimum le nombre et la durée des formalités.

A ce sujet, je me permets de faire observer que si le Ministre des Colonies a dans le Comité des épiphyties, un organe hautement qualifié pour l'assister dans la préparation des règlements de police sanitaire végétale, par contre il manque d'un service phytopathologique, qu'il serait sans doute aisé de constituer, pour le seconder dans l'application des dits règlements, dans l'exercice du pouvoir de contrôle qu'il détient, enfin, pour tenir le rôle de correspondant et de conseiller du Service local de police sanitaire.

Les Colonies françaises, où les entreprises agricoles se sont largement développées au cours de ces dernières années, comme l'Indochine notamment, ne pourraient que gagner, semble-t-il, à la constitution d'un pareil organe.

Je vous serais reconnaissant, Monsieur le Ministre, de vouloir bien faire étudier le plus tôt possible les propositions qui font l'objet de la présente lettre et me faire connaître la suite qu'elles vous auront paru devoir comporter.

Par délégation :
Le Secrétaire général
du Gouvernement général de l'Indochine,
MONGUILLOT

Arrêté réorganisant l'Institut des Recherches Agronomiques de l'Indochine.

Le Gouverneur Général de l'Indochine,

Vu les décrets du 20 octobre 1911, portant fixation des pouvoirs du Gouverneur général et organisation financière et administrative de l'Indochine ;

Vu l'arrêté du 15 avril 1924, créant une Inspection Générale de l'Agriculture, de l'Elevage et des Forêts ;

Vu l'arrêté du 2 avril 1925, organisant un Institut des Recherches Agronomiques de l'Indochine ;

Vu les instructions du Ministre des Colonies en date du 11 août 1925 ;

Sur la proposition de l'Inspecteur Général de l'Agriculture, de l'Elevage et des Forêts,

ARRÊTE :

Article premier. — L'Institut des Recherches Agronomiques de l'Indochine est formé des divers laboratoires et établissements du Gouvernement général consacrés aux recherches scientifiques appliquées à l'agriculture et à la sylviculture, ainsi qu'au contrôle de la police sanitaire végétale en Indochine. Il constitue un service de l'Inspection générale de l'Agriculture, de l'Elevage et des Forêts.

Art. 2. — Les organes de cet Institut affectés aux territoires du Cambodge, de la Cochinchine et du Sud-Annam sont groupés en une section, dite « Section Sud-indochinoise », ayant son siège à Saigon.

Cette section comprend :

Un secrétariat ;
Une division de botanique et de technologie forestières ;
Une division de phytopathologie ;
Une division de chimie ;
Une division de génétique et quarantaine des plantes.

Sa gestion est assurée par un Administrateur qui peut être choisi parmi les Chefs de division et qui a la charge de l'administration et de la discipline intérieure, de la liquidation des dépenses et de la correspondance.

L'Administrateur est désigné par le Gouverneur général.

Art. 3. — Les organes de cet Institut affectés aux territoires du Nord-Annam, du Laos et du Tonkin sont groupés en une section, dite « Section Nord-indochinoise », ayant son siège à Hanoi.

Cette section comprend :

Une division de phytopathologie ;
Une division de chimie ;
Une division de technologie forestière.

Elle est administrée directement par l'Inspecteur général de l'Agriculture, de l'Elevage et des Forêts.

Art. 4. — Chacune des sections de l'Institut est pourvu d'un Conseil de perfectionnement.

Ce Conseil, présidé par l'Inspecteur général de l'Agriculture, de l'Elevage et des Forêts, est composé des Présidents des Chambres d'Agriculture et des Syndicats agricoles reconnus ainsi que des chefs des services d'Agriculture des pays intéressés. Il est complété par des membres agriculteurs, européens et indigènes, nommés par le Gouverneur général, au nombre de huit pour la section Sud-indochinoise et de six pour la section Nord-indochinoise. L'Administrateur de la Section Sud-indochinoise assiste aux réunions en qualité de secrétaire.

Ce Conseil se réunit sur la convocation de son président, et au moins une fois l'an. Il examine et discute les programmes de travaux, les rapports annuels, les budgets et le fonctionnement de l'Institut, au sujet desquels il formule toutes observations et suggestions qu'il croit utiles. Il est consulté ou émet directement ses avis sur les règlements de police sanitaire végétale et leur application.

Les procès-verbaux de ses réunions sont adressés par le Président au Gouverneur général.

Art. 5. — L'Institut des Recherches Agronomiques est placé sous le contrôle technique et scientifique de l'Institut National d'Agronomie Coloniale en France.

Ses relations avec ce dernier établissement, notamment en matière de police sanitaire végétale, sont réglées par les arrêtés et instructions du Ministre des Colonies.

Art. 6. — Le Secrétaire général du Gouvernement général de l'Indochine et l'Inspecteur général de l'Agriculture, de l'Elevage et des Forêts sont chargés, chacun en ce qui le concerne, de l'exécution du présent arrêté.

Hanoi, le 1er juillet 1927.

Par délégation :

*Le Secrétaire général
du Gouvernement général de l'Indochine,*
MONGUILLOT

Arrêté règlant le Service de la police sanitaire végétale en Indochine.

Le Gouverneur général de l'Indochine,

Vu les décrets du 20 octobre 1911, portant fixation des pouvoirs du Gouverneur général et organisation financière et administrative de l'Indochine ;

Vu le décret du 6 mai 1913, relatif à la protection des colonies et pays de protectorat français contre la propagation des maladies des végétaux ;

Vu l'arrêté ministériel du 19 juin 1914, établissant une réglementation sanitaire des cocoteraies en Cochinchine et dans les protectorats de l'Annam et du Cambodge ;

Vu l'arrêté ministériel du 19 juin 1914, interdisant en Indochine l'importation des plants d'hévéas, mais autorisant sans aucune restriction celle des graines ;

Vu l'arrêté ministériel du 26 avril 1918, complété par celui du 5 avril 1924, réglementant l'entrée et la circulation des semences de coton dans les colonies françaises ;

Vu l'arrêté ministériel du 17 mai 1921, réglementant l'introduction et la circulation des plants de canne à sucre dans les colonies françaises ;

Vu l'arrêté du Gouverneur général du 23 août 1923 édictant les mesures à prendre en Indochine pour éviter l'introduction des maladies de la canne à sucre, en particulier de la « maladie de Fidji » ;

Vu l'arrêté ministériel du 27 février 1922, modifié par ceux du 3 mai 1922, du 6 novembre 1922, du 26 novembre 1924, du 11 mars 1925 et du 22 avril 1925, relatifs à la protection contre le scolyte du grain de café ;

Vu l'arrêté du Gouverneur général de l'Indochine du 7 juillet 1923 relatif à l'admission, à l'importation, à la circulation, à la mise en entrepôt ou au transit en Indochine des plantes et fragments de plants de caféier, des cerises de café fraîches ou sèches et des graines de café en parche,

Sur la proposition de l'Inspecteur général de l'Agriculture, de l'Elevage et des Forêts,

ARRÊTE :

Article premier. — Le Service de la police sanitaire végétale en Indochine a dans ses attributions :

1° — La recherche des maladies et des insectes nuisibles des plantes et l'étude des moyens de les combattre.

2° — L'application tant à l'importation et à l'exportation, que dans l'intérieur des pays de l'Indochine des règlements de police sanitaire végétale.

Son fonctionnement est assuré par des établisements et un personnel spéciaux, dans les conditions fixées au présent arrêté.

Art. 2. — Les opérations d'importation et d'exportation des végétaux, terres et matériaux de transport les accompagnant, visés par les règlements de police sanitaire végétale, ne sont autorisées que dans les ports nommément désignés par arrêté du Gouverneur général.

Dans chacun de ces ports l'application des règlements de police sanitaire végétale est poursuivie par les moyens :

a) de laboratoires d'entomologie et de phytopathologie relevant de l'Institut des Recherches agronomiques de l'Indochine ;

b) d'ateliers de désinfection et de stations de quarantaine rattachés soit au dit Institut, soit à un service local d'agriculture.

Ces opérations sont contrôlées par un Inspecteur phytopathologique qui a sous son autorité les laboratoires d'entomologie et de phytopathologie de l'Institut précité et sous son contrôle sanitaire direct les ateliers de désinfection et les stations de quarantaine.

Aucune autorisation à l'entrée en Indochine, ni à la sortie des ateliers de désinfection ou des stations de quarantaine né sera valable, si elle n'est accompagnée d'un certificat de patente nette délivré par l'Inspecteur phytopathologique. Cet Inspecteur est, de même, seul qualifié pour délivrer des certificats de même nature à l'exportation.

Art. 3. — Le Service sanitaire intérieur est réglé comme suit :

1° L'exécution de toutes les mesures concernant la recherche des maladies et insectes nuisibles des plantes, l'organisation des moyens de lutte et l'application des mesures de police sanitaire végétale, sont assurée par des agents phytopathologiques mis à la disposition des pays de l'Indochine et versés dans les Services de l'Agriculture ;

Ce personnel est secondé par les laboratoires d'entomologie et de phytopathologie de l'Institut des Recherches agronomiques, pour les études et recherches ayant un caractère scientifique ;

2° Le contrôle de la police sanitaire végétale est assuré par des Inspecteurs phytopathologiques, attachés à l'Institut des Recherches agronomiques.

Ce contrôle est exercé par chaque Inspecteur dans l'étendue d'un secteur sanitaire délimité par arrêté du Gouverneur général et dans les conditions suivantes :

a) l'Inspecteur est chargé par délégation permanente de l'Inspecteur général de l'Agriculture, de l'Elevage et des Forêts, du contrôle technique et professionnel des agents phytopathologiques, ainsi que du contrôle de l'application des règlements de police sanitaire végétale ;

b) il centralise tous les avis, renseignements et rapports concernant l'état sanitaire des cultures.

Art. 4. — Les Inspecteurs et agents phytopathologiques sont recrutés dans le personnel des services techniques et scientifiques de l'agriculture en Indochine, ayant accompli un stage d'au moins six mois dans les laboratoires spécialisés du Ministère de l'Agriculture ou de l'Institut National d'Agronomie Coloniale en France. Ils sont nommés par le Gouverneur général et sont, seuls, habilités pour l'application des règlements de police sanitaire végétale.

Ils peuvent être appelés à servir temporairement hors de leur pays d'affectation, lorsque les circonstances l'exigent, sur l'ordre du Gouverneur général.

Art. 5. — Les ateliers de désinfection et les stations de quarantaine sont créés par arrêtés du Gouverneur général. Leur règlement intérieur est fixé par l'Inspecteur général de l'Agriculture, de l'Elevage et des Forêts.

Art. 6. — Le Secrétaire général du Gouvernement général de l'Indochine et l'Inspecteur général de l'Agriculture, de l'Elevage et des Forêts sont chargés, chacun en ce qui le concerne, de l'application du présent arrêté.

Hanoi, le 1er juillet 1927.

Par délégation :

*Le Secrétaire général
du Gouvernement général de l'Indochine,*

MONGUILLOT

Arrêté réglant la police sanitaire dans le port de Saigon et créant un secteur sanitaire Sud-Indochinois.

Vu les décrets du 20 octobre 1911, portant fixation des pouvoirs du Gouverneur général et organisation financière et administrative de l'Indochine ;

Vu l'arrêté du 1er juillet 1927 réglant le Service de la police sanitaire végétale en Indochine ;

Sur la proposition de l'Inspecteur général de l'Agriculture, de l'Elevage et des Forêts,

Arrête :

Article premier. — Le port de Saigon est ouvert à l'importation et à l'exportation des végétaux, terres et matériaux de transport visés par les règlements de police sanitaire végétale.

Art. 2. — L'application de ces règlements à l'importation et à l'exportation sera poursuivie par les moyens suivants :

1° les laboratoires d'entomologie et de phytopathologie de l'Institut des Recherches agronomiques, situés à Saigon, sont chargés de toutes les opérations d'examen sanitaire des plantes, terres et matériaux de transport visés par lesdits règlements ;

2° un atelier de désinfection est annexé au dit Institut ;

3° la Station de Giaray est instituée en Station de quarantaine des plantes.

Art. 3. — Le secteur sanitaire relevant de l'Inspecteur phytopathologique attaché à l'Institut des Recherches agronomiques de Saigon, comprend les pays de Cochinchine et du Cambodge, ainsi que les territoires dépendant des Résidences de Phan-thiêt, Phan-ri, Phan-rang, Nha-trang, Dalat, Ban-métuot et Kontum du pays d'Annam.

Art. 4. — Le Secrétaire général du Gouvernement général de l'Indochine et l'Inspecteur général de l'Agriculture, de l'Elevage et des Forêts sont chargés, chacun en ce qui le concerne, de l'exécution du présent arrêté.

Hanoi 1er juillet 1927.

Par délégation :

Le Secrétaire général
du Gouvernement général de l'Indochine,

MONGUILLOT

Arrêté nommant le personnel chargé de la police sanitaire du secteur Sud-Indochinois.

Par arrêté du Gouverneur général de l'Indochine du 1ᵉʳ juillet 1927 :

M. Cerighelli, chef de la division phytopathologique à l'Institut des Recherches agronomiques de Saigon, est chargé cumulativement des fonctions d'inspecteur phytopathologique pour le port de Saigon et le secteur sanitaire Sud-indochinois. Il est habilité pour l'application des règlements de police sanitaire végétale dans le port de Saigon et le secteur sanitaire Sud-indochinois.

M. Commun, ingénieur-adjoint de 2ᵉ classe des Travaux d'Agriculture de l'Indochine, est désigné en qualité d'agent phytopathologique de l'Indochine et habilité pour l'application des règlement de police sanitaire végétale dans le secteur sanitaire Sud-indochinois.

M. Cayla, chef de la division de génétique et quarantaine des plantes à l'Institut des Recherches agronomiques est désigné en qualité d'agent phytopathologique de l'Indochine et habilité pour l'application des règlements de police sanitaire végétale dans le secteur sanitaire Sud-indochinois.

M. Wormser, assistant de 3ᵉ classe de Laboratoire, est désigné en qualité d'agent phytopathologique de l'Indochine et habilité pour l'application des règlements de police sanitaire végétale dans le secteur sanitaire Sud-indochinois.

Projet de règlements de police sanitaire végétale.

POLICE SANITAIRE A L'IMPORTATION

La réglementation actuelle se compose du décret du 6 mai 1913, contenant les dispositions générales, et d'une série d'arrêtés ministériels visant telle plante ou catégorie de plantes soumises à la police sanitaire.

1° — *Dispositions générales* (décret du 6 mai 1913).

Les articles 1 et 2 du décret du 6 mai 1913 délèguent au Ministre des Colonies le pouvoir de désigner :

a) les maladies qui tombent sous le coup de la police sanitaire ;

b) les végétaux qui peuvent en être atteints ;

c) les végétaux et matériaux divers susceptibles de la véhiculer.

Cette dernière prérogative, seule, est également reconnue aux Gouverneurs généraux et Gouverneurs.

Remarque. — Le cas peut se présenter que la désignation d'une nouvelle maladie doive être précédée, dans l'intérêt public, d'une décision interdisant l'importation de certaines plantes et graines. Il serait utile que le Ministre déléguât au Gouverneur général tout ou partie de ses pouvoirs en cette matière, quitte à transformer ultérieurement sa décision en arrêté ministériel.

Les articles 3 et 4 du décret énumèrent les peines frappant les infractions aux règlements et les introductions frauduleuses. Mais ils ne visent que les arrêtés ministériels en sorte que les mêmes infractions aux arrêtés des Gouverneurs généraux et Gouverneurs restent dépourvues de sanction. Il y a là une lacune à combler.

DISPOSITIONS SPÉCIALES

CAFÉIER

(Arrêés des 27 février 3 mai et 6 novembre 1922, 26 novembre 1924, 11 mars et 22 avril 1925).

La protection vise uniquement le scolyte du grain de café (Stephanoderes hampei). Il y aurait lieu de l'étendre aux diverses espèces de borer et aux maladies des racines non signalées en Indochine.

Les introductions susceptibles d'intéresser l'Indochine sont pour la plupart en provenance de pays plus ou moins infectés, ou ne possédant pas de réglementation prohibitive à l'entrée.

D'autre part, il résulte d'essais officiellement enregistrées, exécutés par plusieurs services phytopathologiques, que certains traitements du café en parche assurent une désinfection totale des graines sans en altérer les facultés germinatives.

Il semble donc qu'il n'y ait aucun inconvénient à autoriser l'introduction de graines de café en parche pour semences après désinfection préalable, et à n'admettre que celles-là.

L'introduction de plants de caféier greffés serait également utile pour l'obtention de pieds mères. Elle pourrait être autorisée sous conditions que les plants introduits subiront une quarantaine de six mois à un an. Les mesures de police sanitaire proposées sont les suivantes :

« L'importation, la circulation, la mise en entrepôt et le transit en Indochine des plants ou fragments de plants, cerises et graines de caféier et des terres et matériaux d'emballage ne sont autorisés qu'aux conditions ci-après :

1° Les graines de caféier ne peuvent être introduites qu'à usage de semences, en parche, et en récipients métalliques étanches pesant 2 kg. au plus. Ces récipients doivent être accompagnés d'un certificat indiquant l'origine des graines et le nombre des récipients, visé par le service phytopathologique du pays d'origine, et contresigné soit par l'agent consulaire à l'étranger ou l'autorité administrative pour les colonies françaises. Le visa du service phytopathologique devra mentionner que les graines sont saines.

Ces graines seront soumises à la désinfection au port et ne pourront circuler qu'accompagnées d'un certificat délivré par l'Inspecteur phytopathologique du port ;

2° Les plants de caféier greffés ne peuvent être introduits que par groupe de dix au plus, emballés séparément, et accompagnés d'un certificat indiquant l'origine et le nombre des plants, visé par le service phytopathologique et contresigné par l'agent consulaire pour l'étranger ou l'autorité administrative pour les colonies françaises. Le visa du service phytopathologique devra mentionner que les plants sont exempts de maladie.

Ces plants seront mis en sacs imperméables dans les locaux de la douane et transportés directement à la station de quarantaine où ils resteront en observation pour une période de six mois à un an. Ils ne pourront quitter la station de quarantaine qu'accompagnés d'un certificat délivré par l'Inspecteur phytopathologique chargé du contrôle sanitaire de cette station ;

3° Toutes importations de plants ou graines de caféier, autres que celles présentées dans les formes prévues aux deux alinéas ci-dessus seront refoulées ou détruites en douane. Les mêmes mesures seront appliquées aux plants, fragments de plants et emballages des espèces d'hibiscus et de rubus. Seules les graines de ces espèces seront admises à l'entrée après désinfection et dans les mêmes conditions que pour les graines en parche de caféier.

COTONNIER

(Arrêté du 22 février 1926).

Seule l'importation des graines de cotonnier présente un réel intérêt pour l'Indochine. Cette importation peut être autorisée, comme pour les graines de caféier de toutes provenances, sous condition d'une désinfection préalable au port, dans les conditions à fixer par le Ministre.

Les mesures de police sanitaire proposées sont les suivantes :

1° L'importation, la mise en entrepôt et le transit de plants ou fragments de plants de cotonnier à l'état vert ou sec, de coton non égrené ou égrené, et les matériaux d'emballage sont interdits ;

2° Est seule autorisée l'importation des graines de cotonnier pour semence, aux conditions suivantes :

Les graines seront placées en sacs plombés, accompagnés d'un certificat d'origine visé par le Service phytopathologique et attestant que les graines ont été désinfectées au départ. Ce certificat indiquera le nombre de sacs et sera contresigné soit par l'agent consulaire du pays d'origine pour l'étranger, soit par l'autorité administrative pour les Colonies françaises.

Les sacs seront, en douane, placés dans des sacs imperméables et conduits directement à l'atelier de désinfection. Ils ne pourront circuler dans l'intérieur qu'accompagnés d'un certificat délivré par l'Inspecteur phytopathologique du port.

3° Toutes importations de plantes ou graines de cotonnier et leurs matériaux d'emballage, autres que celles présentées dans les conditions de l'alinéa précité seront refoulées ou détruites en douane.

Les mêmes mesures seront appliquées aux plants, fragments de plants et emballage des espèces d'hibiscus et de bauhinia. Seules les graines de ces espèces seront admises à l'entrée, après désinfection et dans les mêmes conditions que pour les graines de cotonnier.

HÉVÉA

(Arrêté ministériel du 19 juin 1924).

La réglementation actuelle autorise l'importation de graines d'hévéa sans contrôle, mais interdit celle de plants ou fragments de plants.

On ne saisit pas bien la raison de ce traitement différent, les premières pouvant avoir été contaminées par leur contact avec le sol.

A vrai dire et quoi qu'il n'ait pas été fait une étude approfondie des maladies de l'hévéa en Indochine, on peut admettre qu'on y rencontre la plupart des affections signalées en Malaisie et aux Indes néerlandaises.

L'état sanitaire excellent des plantations indochinoises semble résulter, tout comme celui des plantations de l'Est Java, des conditions climatériques, accentuées ici par un drainage généralement excellent des terres dû à leur nature même.

Les mesures de protection à l'importation pourraient donc être restreintes aux provenances de l'Amérique du Sud, comme il est de règle dans les pays voisins d'Indochine.

Si toutefois l'introduction du bois de greffage qui est de toute première importance pour nos plantations, paraissait devoir être contrôlé, il semble que la surveillance des pépinières de greffage chez le planteur, par des agents phytopathologiques suffirait.

Les mesures de police sanitaire proposées sont les suivantes :

1° — L'importation des plants ou fragments de plants et des graines d'hévéa, en provenance de l'Amérique du Sud, ainsi que celle des matériaux d'emballage les accompagnant est interdite.

2° Pour les autres provenances.

a) L'importation des graines est libre ;

b) L'importation des plants entiers est interdite ;

c) L'importation des bois de greffage est autorisée aux conditions suivantes :

Après une visite en douane par un agent phytopathologique ils seront, soit détruits s'ils sont reconnus malades, soit mis en sacs imperméables et dirigés sur la plantation désignée accompagnés par un certificat de l'Inspecteur phytopathologique du port.

Les pépinières et les plantations d'hévéa greffés à l'aide de ces bois seront visitées régulièrement pendant un an par un agent phytopathologique et soumises aux règlements sanitaires.

CANNE A SUCRE

Pour la canne à sucre la question est à la fois complexe et plus délicate.

L'Indochine a le plus grand intérêt à introduire les races et les hybrides à hauts rendements obtenus par plus de vingt ans de recherches aux Inde-néerlandaises et aux Hawaï. On peut même dire que l'avenir des entreprises sucrières industrielles est subordonné à ces introductions, les races locales non améliorées permettant seulement d'atteindre une fraction des rendements en sucre par hectare obtenus dans ces deux pays

Par ailleurs il faut bien reconnaître que Java et les Hawaï ont développé une production sucrière importante et remarquablement prospère malgré la présence de certaines maladies graves qui frappent la canne à sucre.

L'agriculture a trouvé soit par des procédés culturaux, soit par l'usage de races d'hybrides résistants des moyens très efficaces de lutte contre ces maladies.

C'est ainsi que Java, entièrement contaminé par le « Sereh » était arrivé à éliminer cette affection par la production de boutures en montagne, pratique qui depuis deux ans est à peu près abandonnée, grâce la prorogation d'un nouvel hybride, le 2878 POJ que les milieux scientifiques de l'île et les planteurs considèrent comme immune vis à vis du « Sereh ».

On peut en conclure qu'il serait excessif de maintenir indéfiniment l'exclusive prononcée contre les cannes de ces provenances.

Il faut toutefois reconnaître que des introductions non contrôlées présenteraient de graves dangers, et que des mesures de sécurité doivent être prises à l'égard d'affection qu'il est souvent difficile et parfois impossible de déceler par l'examen microscopique.

En fait, dans l'ignorance où nous nous trouvons actuellement des maladies, qui, en général, frappent la canne en Indochine, on doit poser en principe que toute introduction de graines devra être soumise à la désinfection, et toute introduction de boutures à une quarantaine.

En ce qui concerne les boutures, et en se basant sur l'expérience acquise dans les pays voisins pourvus d'un Service phytopathologique réellement organisé, il pourrait être fait la distinction suivante.

1° Les boutures de toutes provenances en paquets ne dépassant pas le nombre de 50 boutures et accompagnés individuellement d'un certificat sanitaire délivré par une station expérimentale du sucre et contresigné par le Chef du Service phytopathologique du pays d'origine, pourraient être introduites, et, soit dirigées directement sur la plantation où elles seraient soumises à la surveillance des agents phytopathologiques, soit soumises à une quarantaine de six mois en station de quarantaine. Le certificat sanitaire devrait certifier que les boutures sont parfaitement saines ;

2° Les instructions faites en dehors des conditions précédentes devraient être, selon leur origine, subordonnées à une autorisation de principe du Gouverneur général. Cette autorisation fixerait en outre le nombre des boutures à introduire par plantation, ainsi que toutes autres conditions jugées utiles et qui ne seraient pas inscrites dans les règlements de police sanitaire.

Ces boutures seraient soumises à une quarantaine d'une année.

Les mesures de police sanitaire proposées sont les suivantes :

1° L'importation, la mise en entrepôt et la circulation en Indochine des plants ou fragments de plants et des graines de canne à sucre de toutes provenances ainsi que des matériaux d'emballage les accompagnant, ne sont autorisées que pour les provenances et aux conditions suivantes :

A) pour les graines de canne à sucre : de toutes provenances sous emballage en récipients métalliques étanches, accompagnés d'un certificat indiquant l'origine des graines et le nombre des récipients. Le certificat sera visé par le Service phytopathologique ou par l'agent consulaire à l'étranger, ou l'autorité administrative pour les Colonies françaises.

Ces graines seront soumises à la désinfection au port et ne pourront circuler qu'accompagnées d'un certificat délivré par l'Inspecteur phytopathologique du port.

B) pour les boutures de toutes provenances : présentation en paquets renfermant 50 boutures au maximum. Les boutures ainsi que le matériel d'emballage devront être nets de terre et de tout débris de feuilles ou de paille de canne.

Chaque paquet ou groupe de paquets sera accompagné d'un certificat visé par le Service phytopathologique du port d'origine qui mentionnera l'origine et le nombre des boutures et certifiera que ces boutures sont parfaitement saines. Ce certificat devra être contresigné par l'agent consulaire à l'étranger ou l'autorité administrative pour les Colonies françaises.

Ces boutures seront :

1re rédaction. — Dirigées directement sur la plantation désignée par l'importateur et soumises pendant un an au contrôle phytopathologique.

2e rédaction. — Dirigées directement sur la station de quarantaine et soumises à une quarantaine de six mois.

3° pour les boutures présentées à l'introduction en dehors des conditions indiquées à l'alinéa précédent :

a) l'importation est subordonnée à l'autorisation préalable du Gouverneur général en ce qui concerne le pays d'origine. L'autorisation indiquera en outre par plantation le nombre des boutures admises à l'importation et toutes dispositions spéciales jugées utiles.

b) les boutures devront être emballées en paquets. Les boutures et le matériel d'emballage devront être nets de terre et de tout débris de feuille ou de paille de canne.

c) les paquets seront accompagnés d'un certificat sanitaire délivré par le Service phytopathologique du pays d'origine indiquant leur nombre et attestant que les boutures ont été prélevées dans des champs de canne exempts de maladies. Ce certificat devra être visé par l'agent consulaire du pays d'origine pour l'étranger ou par l'autorité administrative pour les Colonies françaises.

Les boutures seront, en douane, placées dans des sacs imperméables et dirigées sur la station de quarantaine où elles seront soumises à une quarantaine d'une année.

Remarque d'ordre général.

Il serait utile de prévoir que certaines dérogations pourront être apportées à ces règlements, par le Gouverneur général, sur avis favorable de l'Inspecteur phytopathologique intéressé, par exemple, pour le transit à travers l'Indochine de végétaux ou graines visés par les règlements sanitaires et avec les garanties qui écartent tout danger de contamination. Le cas s'est déjà présenté pour le transit à travers le Tonkin de semences de cotonnier destinées au Yunnan, transit qui ne faisait courir aucun risque.

POLICE SANITAIRE A L'INTÉRIEUR

Dispositions générales.

Tout est à faire en cette matière. Si le Ministre entend se réserver, comme cela semble résulter de la réglementation concernant le cocotier (arrêté ministériel du 19 juin 1914), tous pouvoirs ou le droit de déléguer ses pouvoirs, en tout ou en partie au Gouverneur général, il y aurait lieu de régler par arrêté ministériel les dispositions générales concernant les points suivants :

1° les conditions du contrôle phytopathologique des graines et plantes introduites en exécution de la réglementation nouvelle à l'importation, et de la destruction éventuelle de ce matériel ;

2° la désignation des maladies et des plantes pouvant en être atteintes devant faire l'objet de règlements de police sanitaire à l'intérieur ;

3° l'édiction des règlements sanitaires et la désignation des moyens de lutte, y compris la destruction des foyers d'infection chez les indigènes et chez les européens ;

4° les pénalités frappant les infractions et les actes délictueux commis envers les règlements sanitaires.

Toutefois, il n'est pas contestable qu'une restriction des pouvoirs réglementaires du Gouverneur général en cette matière apporterait des entraves fâcheuses au bon fonctionnement de la police sanitaire à l'intérieur.

Remarque d'intérêt général.

Il semble qu'il y aurait intérêt, étant donné la situation spéciale créée en Indochine par le développement de la colonisation agricole et les mesures de contrôle sanitaire déjà prises, à régler par deux arrêtés distincts du Ministre, la police sanitaire à l'importation, et la police sanitaire à l'intérieur, arrêtés qui feraient le départ entre les pouvoirs réservés au Ministre et ceux remis aux mains du Gouverneur général.

*L'Inspecteur général de l'Agriculture
de l'Elevage et des Forêts,*

Yves HENRY

9 782329 087894